LA

GRANDE COMÈTE

DE

1882

Qu'est-ce que c'est? Qu'annonce-t-elle?
Est-ce la fin du monde?
Si elle rencontrait la Terre, qu'arriverait-il?

CAUSERIE POPULAIRE

Par A. M.

QUÉBEC
J. N. DUQUET, EDITEUR.
223, RUE SAINT-JEAN.

1882

Retrouvez notre catalogue sur http://culturea.fr/
Contact : infos@culturea.fr
Imprimé en Allemagne par Books on Demand Gmbh, Norderstedt
Layout et Design typographique : Derek Murphy et Reedsy

Date de parution : février 2026

ISBN : 9791043132995

NOTE DE L'EDITEUR.

Ayant conçu l'idée de publier une brochure populaire, à propos de la grande comète de 1882, afin de faire connaître : 1° Qu'est-ce que c'est ? 2° Qu'annonce-t-elle ? 3° Est-ce la fin du monde ? 4° Si elle rencontrait la Terre, qu'arriverait-il ? nous comprîmes de suite qu'il nous fallait trouver une plume autorisée, un écrivain possédant la science voulue pour traiter un sujet de cette importance, et pouvoir offrir un petit livre à la fois utile, instructif, amusant et profitable à tout le monde.

Eh bien ! nous avons été assez heureux pour rencontrer cet écrivain, qui cst à la fois un intéressant causeur, sachant toujours joindre l'agréable à l'utile dans toutes ses causeries populaires. Nous ne regrettons qu'une chose, c'est que la modestie de cet écrivain nous force à taire ici son nom ; mais, d'un autre côté, disons qu'il sera facile à plus d'un lecteur de le reconnaître en parcourant les charmantes pages de cette brochure, écrite particulièrement pour le peuple, à qui nous avons l'honneur de la dédier, avec l'espoir qu'elle sera favorablement accueillie, et comme une bonne amie et comme une intéressante causeuse.

1er novembre 1882.

J. N. DUQUET.

UNITÉS EMPLOYÉES.

La *verge* ou le *yard* égale environ 1 mètre moins 1/10. Le *pied* est le tiers de la verge.

Le *mètre*, dix-millionnième partie du quart du méridien terrestre, égale environ 1 verge et 1/10.

Le *kilomètre*, dix-millième partie du quart du méridien, égale 1000 mètres ou 1100 verges.

Le *mille* anglais égale 1760 verges ou 1609 mètres.

La *lieue* canadienne égale 3 milles, soit 4 828 mètres.

LA GRANDE COMÈTE DE 1882.

I

Apparition.

C'est en Amérique, à Rio-de-Janeiro (Brésil), que le grande comète a été vue d'abord, et signalée par M. Cruls, le 11 septembre. On en jouissait déjà à l'œil nu.

Le dimanche, 17 septembre, les fidèles de Reus (Espagne) se rendaient à l'église pour assister à la messe de dix heures ; bientôt ils s'arrêtèrent tout surpris, se groupant dans les rues et sur les places, pour contempler un astre brillant, bien visible, qu'on se montrait à l'ouest du Soleil. C'était la grande comète de 1882.

Le 27 septembre, on l'observait à Bien-Hoa (Cochinchine).

Tous les pays du Globe ont pu la contempler ; et en ce moment (fin octobre), l'astre, accompagné de son immense queue, est encore visible le matin, avant le jour ; mais son éclat diminue peu à peu, à mesure qu'il s'éloigne du Soleil.

Encore une comète, et une grande !

Qu'ést-ce donc que ces comètes ? Qu'est-ce que celle-ci pourrait bien annoncer ? Serait-ce la fin du monde ? Et qu'arriverait-il si cette comète venait frapper la Terre ?

Telles sont les questions qui se posent naturellement dans l'esprit de beaucoup de personnes, et auxquelles nous allons répondre d'une manière simple et rassurante, autant que le permet l'état actuel de la Science.

II

La Science.

La réserve que nous venons de faire est nécessaire ; car, quelque avancée que soit la science moderne, elle ignore encore beaucoup plus de choses qu'elle n'en connaît ; la vraie science l'avoue sans détour ; et, comme l'a dit Pascal dans ses *Pensées*, “ la

“ dernière démarche de la raison, c’est de
“ reconnaître qu’il y a une infinité de
“ choses qui la surpassent : elle est bien
“ faible si elle ne va pas jusque là.”

Elle est sérieuse, pourtant, cette science qui permet de dire, bien des années à l’avance, le moment précis et les circonstances détaillées de chaque éclipse de Soleil ou de Lune.

Elle mérite attention, cette science qui, depuis plus d’un siècle, a prévenu le genre humain que, le 6 décembre 1882, dans un mois à peine, un petit phénomène, visible seulement avec les télescopes et les lunettes astronomiques, va être un événement d’une grande importance, permettant de mesurer la distance qui sépare la Terre du Soleil ; il s’agit du passage, devant le disque du Soleil, de ce bel astre que nous voyons ces jours-ci du côté du Soleil couchant, et que nous appelons *Vénus*, Etoile du Soir, Etoile du Berger. Ce sera une tache noire, ronde (comme serait une bille), qui, pour Québec, traversera le disque du Soleil de 9 heures 19 minutes du matin à 3 heures 21 minutes du soir.

Ce passage s’est produit déjà il y a huit ans (en 1874), dans des conditions moins favorables que celles qui se présentent aujourd'hui ; et il ne reviendra que dans 121 ans et demi, le 7 juin de l'an 2004.

Or, selon les indications du savant Halley en 1691, c'est sur l'observation de ce passage qu'est basé le meilleur procédé pour évaluer la distance de la Terre au Soleil.

Aussi, de grandes expéditions scientifiques sont déjà entreprises pour l'observation du passage le 6 décembre prochain, et des sommes considérables, des millions ont été votés pour cet objet par les divers gouvernements.

La Science est donc quelque chose de sérieux, pourvu qu'elle sache reconnaître qu'elle est bornée sur bien des points, pourvu qu'elle n'affirme que là où elle possède sûrement la vérité.

III

Forme des Comètes.

Vous connaissez certaines graines qui, comme celles du pissenlit et du cotonnier, sont entourées d'aigrettes délicates ou d'une bourre légère. Une graine de pissenlit voltigeant dans l'air donne une première idée de ce qu'est une comète : un *noyau* léger, entouré d'une sorte de *chevelure* beaucoup plus légère encore (le mot *comète* dérive du grec, et signifie *astre chevelu*).

La *queue* des comètes est un appendice qui ne se montre pas toujours, mais qui peut aussi présenter des dimensions étonnantes, jusqu'à occuper un quart du tour du globe céleste.

Le noyau et la nébulosité qui l'entoure forment la *tête* de la comète.

Les étoiles sont visibles à travers la queue, et à travers la chevelure qui entoure le noyau ; quelquefois à travers le noyau lui-même.

Les comètes ne sont pas des météores ou des phénomènes : ce sont de véritables astres comme les planètes, en très grand nombre d'ailleurs. Chaque année on en découvre de nouvelles, la plupart visibles seulement au télescope. Plus de 700 sont déjà inscrites au *catalogue* des comètes observées, et nous ne pouvons regarder comme exagéré la parole de Képler : « Il y a autant de comètes au ciel qu'il y a de poissons dans la mer. »

Les grandes comètes, visibles à l'œil nu, sont plus rares ; il y en a eu une belle en 1881, et en voici une splendide en 1882.

Les comètes offrent des aspects très variés : en 1744, on en vit une qui avait six queues, occupant ensemble une largeur de 44 degrés ; la grande comète de 1618 avait une queue de 104 degrés, c'est-à-dire que le rayon visuel qu'on lançait sur la comète devait décrire un angle de 104 degrés, ou plus d'un quart de tour, pour parcourir toute la longueur de la queue ; on voit des comètes ayant des queues fort petites, et d'autres même auxquelles la queue manque absolument ; enfin, il y en a dont le noyau, s'il y en a un, est complètement caché par la chevelure, et d'autres qui consistent en une simple nébulosité.

Non seulement les comètes diffèrent de forme entre elles, mais une même comète peut passer par plusieurs aspects différents. Par exemple, la comète d'Encke, découverte en 1805, et qui revient tous les 3 ans, a tellement diminué d'éclat, qu'en 1875 elle ne présentait plus que l'aspect d'une faible tache laiteuse. La comète de Biéla, découverte en 1827, et qui revient tous les 7 ans, s'est dédoublée en 1846, formant deux astres distincts qui s'éloignent peu à peu l'un de l'autre, et qui semblent s'être perdus depuis.

On voit que si la Lune a été prise quelquefois comme symbole de l'inconstance, on pourrait tout aussi bien prendre pour terme de comparaison une *tête de comète.*

IV

Nature des comètes.

La Science n'a pas pu déterminer, jusqu'à ce jour, la nature intime des comètes, non plus d'ailleurs que la nature intime du Soleil et des planètes (Vénus, Mars, Jupiter, Saturne, etc) ; mais on est sur la voie d'importantes découvertes sur ce sujet, qui probablement, ne sera jamais épuisé.

On donne le nom de *matière cosmique* à la substance des corps célestes en général, et spécialement à la substance des comètes, des étoiles filantes et des aérolithes, ou pierres tombées des espaces célestes sur la Terre. Une relation intime paraît exister entre ces trois dernières espèces de corps.

La substance même de notre Globe est

de la matière cosmique, en y comprenant la terre proprement dite, les roches, les métaux et l'eau elle-même. L'air qui enveloppe le Globe sous le nom d'*atmosphère* est aussi de la matière cosmique. Enfin, entre les astres il n'y a pas de vide absolu : les espaces célestes sont remplis d'une substance gazeuse extrêmement légère et ténue, que l'on nomme *éther*, et dans laquelle les astres sont comme plongés.

La matière cosmique comprend donc : des substances *solides*, comme le fer, la pierre, le charbon, la terre ; des substances *liquides*, comme l'eau, le pétrole, le mercure ou vif-argent ; des substances *gazeuses* comme le gaz d'éclairage, la vapeur d'eau, l'air, l'éther des espaces célestes.

Une même substance peut d'ailleurs se présenter sous ces trois états : tel est le cas de l'*eau*. que nous voyons solide dans la glace, liquide en son état ordinaire, gazeuse dans la vapeur de nos machines.

Dans les comètes, le *noyau* est une substance solide, pouvant avoir aussi des parties liquides, comme notre Globe ; la *chevelure* est une substance gazeuse, une atmosphère enveloppant le noyau, comme l'air enveloppe la Terre, enfin, la *queue*, qui est toujours tournée à l'opposé du Soleil, n'est probablement qu'un faisceau lumineux émané du Soleil, et projeté sur l'éther de l'espace par la tête de la comète formant une sorte de lentille.

V

Les comètes des temps passés.

Une preuve que les comètes entrent bien dans les plans du Créateur de l'Univers, c'est qu'on en a vu à toutes les époques, et que l'équilibre général des mondes est resté intact.

Mais parce que ces apparitions sont rares pour chaque individu, il n'est pas étonnant qu'elles produisent une impression particulière, une certaine inquiétude voisine de la crainte et de l'effroi, un écho de quelque grand événement, ou l'annonce d'un grand malheur.

La comète qui parut l'an 371 avant notre ère est mentionnée par Aristote : Diodore de Sicile veut y voir l'annonce de la décadence des Lacédémoniens ; Ephore y trouve le présage de l'engloutissement des villes grecques d'Hélice et de Bura par les eaux de la mer.

D'après Plutarque, la comète de l'an 344 avant notre ère, annonçait le succès de l'expédition de Timoléon contre la Sicile. Celle de l'an 43 avant notre ère fut regardée comme une apothéose de l'âme de César, fameux dictateur qui avait été assassiné en plein Sénat peu auparavant.

L'an 12 avant notre ère, on en vit une autre qui, depuis, est devenue célèbre, sous le nom de comète de Halley.

Suétone dit qu'une comète avait annoncé la mort de Claude, l'an 54 de notre ère, et il attribue aux influences d'une autre comète les atrocités de Néron.

L'historien Josèphe mentionne la grande comète qui parut pendant l'épouvantable siège de Jérusalem, l'an 70 de notre ère ; Pline la signale comme éclatante de blancheur, et comme offrant l'image de Dieu sous une forme humaine.

Vespasien, malade, remarquant qu'on augurait mal autour de lui à cause d'une comète qui fut longtemps visible : “ Cette étoile chevelue, dit-il, ne me regarde pas, moi qui suis chauve, mais plutôt le roi des Parthes, qui est chevelu. ”

En l'an 400, selon l'historien Socrate, une comète en forme d'épée (la comète et sa queue) brilla sur Constantinople, en signe des malheurs causés par le goth Gaïnas.

On a fait un grand nombre de rapprochements arbitraires entre les comètes et les événements sociaux ou politiques, notamment comme présages de mort pour les grands personnages. A toute époque, il y a toujours, dans l'étendue de l'univers, quelque événement remarquable en train de se produire : quand une comète apparaît, il est donc facile de signaler la simultanéité du phénomène astronomique avec un ou plusieurs faits historiques ; mais c'est tout, et il n'y a aucune corrélation de cause à effet entre les deux circonstances.

Des comètes ont brillé en plein jour en 1106, en 1402, en 1500, en 1547, en 1743, en 1843, en 1882.

Une grande comète parut lors des fêtes de Pâques, en 837, sous le règne de Louis-le-Débonnaire ; un chroniqueur contemporain en parle comme d'un phénomène toujours funeste et d'un triste présage. C'était la comète de Halley, et elle reparut en 1066, lorsque Guillaume-le-Conquérant envahissait l'Angleterre. Les Normands, d'après les chroniqueurs, étaient guidés par une comète. Il y a, dans la couronne royale d'Angleterre, un fleuron spécial rappelant cette comète, qui fut témoin de la victoire de Hastings, remportée par Guillaume sur Harold II.

Au mois de juin 1456, le même astre revient, et frappe tout le monde de terreur ; on croit y voir un signe de l'envahissement de l'Occident par les Turcs, établis depuis trois ans déjà à Constantinople. On observa encore cette fameuse comète en 1531, en 1607 et en 1682 ; c'est alors que le savant Halley parvint à constater l'identité de l'astre dans les diverses apparitions que nous venons de signaler, et qu'il prédit son retour pour 1758 ou 1759, à cause d'un retard provenant de l'action des planètes sur l'astre nouveau. Le géomètre Clairaut fit le calcul de ce retard, et trouva que la comète devait revenir au milieu d'avril 1659, à un mois près : l'astre était à son poste le 12 mars.

Ce jour-là, un pas immense était fait par la science de l'Astronomie ; la comète de Halley est revenue près du Soleil (*périhélie*) le 16 novembre 1835 ; elle s'est trouvée à son point le plus éloigné du Soleil (*aphélie*) en 1873 ; elle est en route pour son retour, et se retrouvera au périhélie le 24 mai 1910.

VI

Les comètes des temps modernes.

On ne peut étendre à l'humanité entière les extravagances de quelques hommes, il est ridicule d'attribuer à la société d'une époque les rêveries de quelques-uns de ses membres, et de donner comme croyance générale ce qui est le fait d'un cerveau déréglé.

Mais on peut, avec une sage réserve, signaler les excentricités qui se sont fait jour successivement, et qu'il ne faut pas confondre avec les coïncidences sagement observées, ou avec des suppositions restant prudemment dans leur rôle hypothétique.

C'est dans ces conditions que nous dirons quelques mots des impressions produites çà et là par les comètes dans les temps modernes : de leur nature, les extravagances et les excentricités sont des exceptions.

Alphonse VI, roi de Portugal, jeune prince de mœurs déréglées, averti de l'apparition d'une comète en 1664, prend son pistolet, et se mettant dehors en vue de l'étoile chevelue, il se répand en injures ridicules et en vaines menaces ; trois ans après, il est déposé, mais simplement à cause de son inconduite : la comète n'y était pour rien.

Ambroise Paré, célèbre chirurgien du XVIe siècle, décrit comme " horrible et épouvantable " la comète de l'an 1528 : " elle engendrait, dit-il, si grande terreur " au vulgaire qu'il en mourut aucuns de " peur ; les autres tombèrent malades. "

La fameuse comète de 1556 a coïncidé avec les démarches de Charles-Quint pour se démettre successivement de ses vastes domaines, mais il ne faut pas y voir une cause déterminante : la fortune avait cessé de sourire au puissant empereur dès l'année 1552 ; devenu morose et maladif, il aspirait à descendre de ce trône qu'il avait occupé si longtemps et avec tant d'éclat ; en 1555, il remit à son fils ses Etats et Domaines des Pays-Bas ; le 6 janvier 1556, il lui abandonna les Espagnes et les colonies ; le 27 août, il abandonna l'empire à son frère Ferdinand, et il se retira au monastère de Saint-Just, en Estramadure, où il mourut le 21 septembre 1558.

La *comète de Charles-Quint* est devenue célèbre parce qu'on avait annoncé pour 1848 un retour auquel l'astre n'a pas obéi ; il y avait de plus les prédictions ordinaires, y compris une fin du monde.

VII

Comètes contemporaines.

Les comètes contemporaines les plus remarquables sont celles de 1811, de 1843, de 1858, de 1861, de 1881 et de 1882.

L'année 1811 a été signalée par une grande et belle comète, dont le souvenir est conservé par le nom d'une rue à Paris. Il y a eu, cette même année, une magnifique récolte d'un vin qu'on a appelé *vin de la comète;* mais ici encore, c'était une rencontre toute fortuite. Il est bon de noter que cette fois du moins la comète devait être regardée comme bienfaisante. Mais on a eu d'aussi belles récoltes sans comète.

La comète de 1843 n'a été vue que lorsqu'elle s'éloignait du soleil ; elle a contourné cet astre en passant très près, le 27 février à 10 heures et demie du matin, et en a fait le demi-tour en 2 heures, ce qui porte le maximum de sa vitesse au chiffre énorme et unique de 550 kilomètres ou 114 lieues par seconde ! C'est le 28 février seulement qu'on l'a aperçue, en plein jour, très près du Soleil. L'histoire de cette comète a donné lieu à des études fort intéressantes, et l'on croit que c'est ce même astre qui a reparu le 1er février 1880, au Cap de Bonne-Espérance, puis dans tout l'hémisphère sud.

En 1858, le 5 octobre, le ciel présentait un aspect splendide par l'apparition d'une grande comète non loin de la belle étoile Arcturus, de la constellation du Bouvier. Cette comète avait été découverte le 2 juin, à Florence, par Donati, et elle fut visible à l'œil nu en septembre et en octobre.

Le 30 juin 1861, immédiatement après le coucher du Soleil, toute l'Europe a pu contempler une brillante comète, dont la queue se développait sur une étendue de 118 degrés, et dont la tête a présenté des changements d'aspect fort singuliers.

“ L'année 1881, dit M. Janssen, aura vu se réaliser un progrès nouveau et intéressant dans l'histoire des comètes. C'est, en effet, l'année dernière, qu'on a obtenu pour la première fois, l'image photographique complète de l'un de ces astres, précisément celle de la grande comète dont l'apparition a excité pendant plusieurs mois la curiosité publique, et à propos de laquelle on a agité de nouveau les théories et les hypothèses depuis longtemps émises sur la nature de ces astres, dont la physique est encore si peu avancée, et sur la nature desquels l'esprit se pose tant de questions, auxquelles la Science ne peut encore faire de réponse certaine. " (1)

Circonstance à noter : c'est au Brésil, le 9 juin, qu'a été vue d'abord la grande comète de 1881 ; c'est encore au Brésil, le 11 septembre, qu'a été vue d'abord la grande comète de 1882, à propos de laquelle nous écrivons cette petite notice.

VIII

Nombre des comètes.

Il est probable qu'il existe des millions de comètes. Ce sont des astres, tout comme les planètes et les étoiles ; ce sont des corps qui entrent dans le plan de la création et du gouvernement de l'Univers par la divine Providence.

Il n'y a donc pas lieu de s'en effrayer : leur apparition est un phénomène analogue à tous les autres phénomènes célestes

(1) Note sur la photographie de la comète de 1881, dan l'Annuaire du Bureau des Longitudes pour 1882.

comme les apparitions des planètes, les phases de la lune, les éclipses, etc. Seulement, les comètes visibles à l'œil nu sont plus rares, et comme elles ne sont presque jamais annoncées, leur arrivée est le plus souvent une surprise, même pour les astronomes.

Antérieurement à l'invention des lunettes et des télescopes, c'est-à-dire jusqu'au XVIIe siècle, il n'a été observé que des comètes visibles à l'œil nu. De nos jours, les observatoires se multiplient de plus en plus, et l'on peut dire que les savants et les amateurs ont organisé une véritable chasse aux comètes, ainsi qu'aux planètes télescopiques. Il n'y a donc pas plus de comètes aujourd'hui qu'autrefois, mais on en observe un nombre beaucoup plus grand.

En consultant les annales des siècles passés, on a pu dresser une sorte d'inventaire des apparitions de comètes aux diverses époques.

On compte en tout 822 observations, dont 93 ne sont que des réapparitions de comètes antérieures, ce qui laisse un chiffre de 729 comètes différentes, sauf erreur.

Voici d'ailleurs, siècle par siècle, comment se distribuent ces phénomènes, d'après le tableau donné par M. C. Flammarion, dans son *Astronomie populaire* :

Epoques.	Observations.	Réapparitions.	Comètes nouvelles.
Avant notre ère.	68	1	67
1er siècle.	21	1	20
2e "	24	1	23
3e "	40	2	38
4e "	25	1	24
5e "	18	1	17
6e "	25	1	24
7e "	31	2	29
8e "	15	1	14
9e "	35	1	34
10e "	24	3	21
11e "	31	2	29
12e "	26	1	25
13e "	27	3	24
14e "	31	3	28
15e "	35	1	34
16e "	31	5	26
17e "	25	5	20
18e "	69	8	61
19e "	221	50	171
En tout.....	822	93	729

Toutes les comètes observées depuis le XVIIe siècle sont soumises au calcul ; c'est-à-dire qu'après avoir relevé avec autant d'exactitude que possible plusieurs positions de chaque comète, on en détermine la course dans les espaces célestes.

Souvent, on peut fixer l'époque du retour probable de la comète ; mais comme ces astres sont fort légers, ils sont facilement détournés de leur route par le voisinage des planètes, de sorte que la période de leur retour n'est pas toujours de la même durée.

On n'inscrit comme comètes périodiques que les comètes dont le retour a été vérifié par l'observation. Ainsi, sur 255 comètes calculées, 10 seulement sont inscrites comme périodiques ; on y ajoutera peut-être la belle comète de 1880, si réellement elle est la même que celle de 1843.

La belle comète de 1882 est en ce moment l'objet des études et des calculs des astronomes ; plusieurs observateurs la rapprochent de celle de 1811.

IX

Les Globes célestes.

La Terre, la Lune, le Soleil, les planètes, les comètes et les étoiles, tous les corps célestes sont des globes ou des boules, complètement isolés, et lancés dans l'espace par la main toute-puissante du Créateur.

Il nous paraît difficile d'accepter une pareille assertion pour notre Globe : il nous semble évident que la Terre est plate, avec des inégalités, que nous ne pouvons aller par-dessous, et qu'une boule ne peut tenir dans l'espace si elle n'est appuyée ou suspendue.

Peu à peu, cependant, nous entrevoyons que si la Terre était plate, nous en atteindrions les bords extrêmes, et que, si nous rencontrions alors quelque muraille, haie, palissade ou autre clôture quelconque, il y aurait, au delà, un nouvel espace que nous pourrions atteindre et explorer ; jamais on n'a rencontré une pareille barrière.

D'autre part, lorsque nous considérons une mouche qui marche tout autour d'une boule, nous la voyons en tous les points se tenir en son *debout ;* le dessous, pour cette mouche, c'est l'intérieur de la boule ; le dessus, c'est l'espace extérieur. Il en est ainsi de nous sur le Globe terrestre : nous nous tenons debout tout autour de cette immense boule.

La manière dont on voit les vaisseaux disparaitre quand ils s'éloignent et reparaitre à leur retour, nous familiarise avec l'idée d'une courbure de la surface des mers ; le retour au port de départ lorsqu'on dirige la navigation comme pour s'en éloigner toujours dans le même sens, achève de nous convaincre que nous habitons la surface d'un globe ; et enfin, la multitude des voyages faits en tous sens sur ce globe, sans qu'on ait jamais rencontré ni un appui ni une suspension, nous force d'admettre l'isolement de la Terre dans l'espace.

Il en est de même de tous les corps célestes : la tonte puissance divine les maintient ensemble dans un équilibre parfait.

Le Globe terrestre n'est pas à l'état de repos : par une analogie remarquable avec le vélocipède, avec le cerceau de l'enfant, et surtout avec la toupie, il est lancé dans l'espace avec un double mouvement : mouvement de *rotation*, qui le fait tourner sur lui-même en un jour ; mouvement de *translation*, qui lui fait faire le tour du Soleil en un an.

Un double mouvement analogue se retrouve dans les autres corps célestes, du moins dans les planètes et les comètes, ainsi que dans les satellites ou lunes.

Les *planètes* sont des globes analogues à la Terre, ayant, comme la Terre, un mouvement de rotation autour de leur axe, et un mouvement de translation autour du Soleil, auquel elles empruntent la lumière et la chaleur. Tels sont : *Vénus*, nommée vulgairement l'*Etoile du Berger*, qui est à peu près de même grosseur que la Terre, et qui est plus près du Soleil ; *Mercure* et *Mars*, de dimensions moitié de celles de la Terre ; *Uranus* et *Neptune*, de dimensions quadruples, *Jupiter* et *Saturne*, de dimensions environ 10 fois aussi grandes ; plus encore 200 et quelques petites planètes, qui se meuvent entre les orbites de Mars et de Jupiter.

La *Lune*, qui est le satellite de la Terre, tourne autour de notre globe en 29 jours et demi, et accompagne la Terre dans son mouvement annuel. La planète Neptune a aussi un satellite ; Mars en a 2 ; Jupiter et Uranus en ont chacun 4 ; Saturne en a 8.

Ces 20 satellites sont comme des planètes secondaires accompagnant les planètes principales.

Quant au Soleil, qui donne à toutes les planètes et aux comètes la lumière et la chaleur, ses dimensions sont 108 fois et demie celles de notre globe, et son volume, qui est 600 fois plus grand que celui de toutes les planètes réunies, égale 1 million 300 mille fois le volume de la Terre.

C'est une des merveilles de la Science que l'on ait pu ainsi reconnaître et mesurer les corps célestes, et même les peser : on sait, par exemple, que le Soleil pèse 324 mille fois comme la Terre.

X

La Terre.

Parmi les corps célestes, on distingue les corps *lumineux* par eux-mêmes, savoir le Soleil et les étoiles, et les corps *opaques* ou non lumineux, comme la Terre et les autres planètes, la Lune et les autres satellites, et même les comètes, quoique ces derniers astres soient reconnus ayant aussi quelque lumière propre.

C'est ordinairement aux dimensions de la Terre que l'on compare les dimensions des autres astres ; il importe donc de se faire une idée nette de ce qu'est cette Terre, qui est si petite dans l'ensemble des corps célestes.

Le diamètre ou axe de la Terre est de 2 600 lieues canadiennes, et sa circonférence de 8 300 lieues. A un train de chemin de fer qui ferait 12 lieues et demie à l'heure, il faudrait 28 jours et 28 nuits de marche continue, pour faire, sans sinuosité, le tour du Globe ; c'est quatre fois le temps que l'on met pour aller de New-York à San-Francisco.

La surface totale du Globe est de 610 trillions de verges carrées ; cette étendue est tellement grande que si l'on voulait distribuer la population totale, qui est de 1 milliard et demi d'habitants, à raison d'une personne par verge carrée, on n'occuperait que la 400e partie de la province de Québec, qui n'est elle-même que la 1000e partie de la surface du Globe.

Voici qui est plus frappant. Supposez

une accumulation continue et successive de tous les corps humains depuis 7 mille années, à raison de 3 billions ou milliards d'individus par siècle, en une couche étendue sur toute la surface du Globe, terres et eaux. A quelle hauteur pensez-vous que monterait aujourd'hui cette couche, en supposant seulement, comme moyenne, 2 pieds cubes par individu ?......—A un 100ᵉ de ligne...., moins que nos plus minces feuilles de papier !

Enfin, le volume du Globe est de 1 trillion de kilomètres cubes, ou de 240 billions de milles cubes. Pour avoir une simple idée de nombres si grands, arrêtons-nous seulement au dernier, et demandons-nous combien de temps il faudrait pour compter ces *milles* un par un, à raison de 1 par seconde.....

On reconnaît bientôt qu'une journée entière de 24 heures n'y suffirait pas... une semaine n'y suffit pas non plus (en comptant jour et nuit).... un mois ne suffit pas.... une année entière ne suffit pas.... une vie de 50 ans n'y suffirait pas... un siècle n'y suffirait pas.... 1 000 années ne suffiraient pas.... les 68 siècles écoulés depuis la création de l'homme n'y suffisent pas ; et si l'on avait commencé avec Adam et toujours continué depuis, il faudrait encore compter après nous pendant 12 siècles, pour arriver au nombre 240 billions :

240 000 000 000.

Cette Terre, qui paraît si peu de chose dans l'ensemble de l'Univers, est donc pour nous un globe immense, sur lequel la Providence nous a placés, en nous fournissant abondamment le nécessaire, l'utile et l'agréable.

La Sagesse divine, comme le dit la Sainte Ecriture, s'est jouée dans la constitution des Mondes, lorsque le Créateur, pesant et balançant la Terre, l'établissait sur ses gonds ou pôles.

Et comment, dès lors, ne pas nous confier à son infinie bonté ? comment craindre une rupture de l'équilibre que Dieu maintient si admirablement depuis la création ? Ne voyons donc dans les comètes, et en particulier dans celle qui brille en ce moment, qu'une messagère nous apportant un nouveau témoignage de l'action divine qui dirige l'Univers.

Aucune étude n'est plus propre que celle-ci à élever l'âme vers Dieu, pour lui rendre grâces de son infinie bonté, en même temps que pour glorifier sa science et sa puissance incompréhensibles.

Et ce n'est pas sans un serrement de cœur que l'on voit des savants fermer les yeux à de si éclatants témoignages, ou prétendre trouver dans la matière même le dernier mot de ces insondables merveilles. Involontairement, on leur applique la condamnation formulée par un poète :

L'insensé, dans ses longues veilles,
Seigneur, a mesuré les Cieux,
Et tout un monde de merveilles
Ne te montre point à ses yeux !

XI

Les Astres.

Le Soleil est le centre d'un monde formé d'environ 300 planètes, tant principales que secondaires, et 700 comètes, soit en tout plus d'un millier de corps plus ou moins analogues à notre Terre.

Chaque *étoile* est un soleil analogue au nôtre, ayant aussi son cortège de planètes et de comètes. Si les étoiles nous paraissent si petites, c'est uniquement à cause de leur immense éloignement.

Le *Soleil* n'est lui-même qu'une étoile ; et il ne nous paraît si grand que par suite de son rapprochement relatif.

Les *planètes* sont, comme la Terre, des globes opaques, c'est-à-dire non transparents et non lumineux, tournant par rotation sur eux-mêmes, et par translation autour du Soleil, duquel ils reçoivent la lumière et la chaleur.

Les *satellites* sont, comme la Lune, des globes opaques, tournant par rotation sur eux-mêmes, et par translation autour de la planète qu'ils accompagnent dans son trajet autour du Soleil ; ils reçoivent donc du Soleil la lumière et la chaleur.

Ces corps opaques ne sont visibles pour nous que parce qu'ils sont éclairés par le Soleil : cela explique les *phases* de la Lune, dont la partie éclairée n'est pas toujours tournée vers nous.

Enfin, les *comètes* sont des corps qui paraissent posséder une lumière propre, mais qui reçoivent aussi du Soleil lumière et chaleur ; les comètes tourbillonnent sur elles-mêmes, comme les planètes et les satellites ; elles ont aussi un mouvement de translation autour du Soleil ; mais le chemin qu'elles suivent est beaucoup plus allongé.

Du reste, pour les planètes elles-mêmes, le mouvement autour du Soleil n'est pas parfaitement rond ou circulaire ; la ligne suivie est une courbe connue sous le nom d'*ellipse.*

XII

Circonférence et ellipse. — Réconciliation entre les planètes et les comètes.

Il importe de se faire une idée nette des figures connues sous les noms de *circonférence* et d'*ellipse.*

Prenez un *cerceau*, comme ceux dont les enfants s'amusent : vous avez sous les yeux la forme circulaire, la figure d'un *cercle*, dont le tour est nommé *circonférence.*

Tenez ce cerceau droit, comme pour le faire rouler, et appuyez dessus ; il se déforme et s'aplatit : vous avez sous les yeux la forme elliptique ou la figure d'une *ellipse.*

La plupart des planètes décrivent de ellipses presque circulaires, et la plupar des comètes décrivent des ellipses très allon gées.

La Lune décrit autour de la Terre un ellipse presque circulaire ; il en est de même des autres satellites autour de leurs planètes respectives.

Il est évident que, pour tracer une ellipse, il faut placer les clous ou les foyers à une distance moindre que la longueur du cordon. Dans l'exemple que nous avons donné plus haut (3 pieds entre les clous, 4 pieds de cordon), la distance des foyers est les $\frac{3}{4}$ de la longueur du cordon, c'est l'ellipse de plusieurs comètes.

Pour la comète de *Faye*, petite comète vue en 1873 et en 1880–81, la distance des foyers doit être un peu plus grande que la moitié de la longueur du cordon.

Pour certaines petites planètes, cette *distance focale* doit être le tiers, le quart, le cinquième...... de la longueur du cordon; pour la planète Mercure, c'est un 5e, pour Mars un 11e, pour la Lune et pour Saturne un 18e, pour Jupiter un 21e, pour Saturne un 22e, pour la Terre un 60e, pour Neptune un 112e, pour Vénus un 146e.

Longtemps on avait cru que les mouvements des corps célestes étaient circulaires, la circonférence étant considérée comme l'idéal de la perfection dans les lignes ; et c'est pourquoi on s'effrayait facilement des comètes, dont l'apparition constituait une sorte de désordre, et de dérogation à la perfection générale de l'Univers.

C'est Képler, célèbre astronome allemand du dix-septième siècle, qui, le premier, a prouvé la forme elliptique dans le mouvement des planètes.

Après tout, l'ellipse est une courbe parfaite, tout comme la circonférence, qui peut elle-même être considérée comme une ellipse, précisément celle que l'on obtiendrait en réunissant les deux foyers ou les deux clous du tracé indiqué plus haut.

Voilà donc les comètes réconciliées avec les planètes, du moins quant à la forme du chemin ou du trajet qu'elles parcourent, et qu'on nomme leur *trajectoire*.

Et nous aussi, nous devons cesser de voir dans les comètes des astres sinistres, puisque les comètes suivent leur route selon les lois posées par le Créateur, sans influencer aucunement les événements humains.

Leur passage peut d'ailleurs coïncider tout aussi bien avec des faits heureux : témoin l'abondance et la qualité supérieure de la vendange sous la belle comète de 1811, que plusieurs astronomes soupçonnent d'être la même qui nous visite en 1882.

XIII

Ou est le Soleil dans chaque ellipse planétaire ou cométaire ?

Nous savons maintenant que chaque planète décrit, autour du Soleil, non une circonférence mais une ellipse, sorte de circonférence oblongue, décrite à l'aide d'un cordon et de deux clous, dont la position marque les *foyers* de l'ellipse.

Mais où est le Soleil en chaque ellipse ? Vous soupçonnez, sans doute, qu'il doit être au milieu. Eh bien, non : *Le Soleil est à l'un des foyers*, et la place de l'autre foyer reste vide.

La ligne droite qui traverse une ellipse en passant par les foyers est appelée *grand axe*, ou simplement *axe* de cette ellipse.

Mais alors, direz-vous, la Terre n'est donc pas toujours à la même distance du Soleil ?

Non, la Terre n'est pas toujours à la même distance du Soleil : le 1er janvier, la distance du Soleil à la Terre est de 30 millions 200 milles lieues canadiennes ; le 3 juillet, cette distance est de 31 millions 200 mille lieues.

Au 1er janvier, on dit que la Terre est à son *périhélie* (près du Soleil), au 3 juillet, on dit que la Terre est à l'*aphélie* (loin du Soleil).

Comment ? direz-vous encore : en hiver, nous serions 1 million de lieues plus près du Soleil qu'en été ! N'est-ce pas plutôt l'inverse ?

Non, c'est bien cela. Sans doute, le froid de l'hiver, comme aussi la chaleur de l'été, dépendent en partie de la distance à laquelle nous sommes du Soleil ; mais les variations de la température tiennent surtout à la direction sous laquelle nous viennent les rayons du Soleil, ou à la hauteur du Soleil au-dessus de notre horizon : remarquez qu'en hiver le Soleil est très bas, et ses rayons ne font pour ainsi dire que glisser sur notre sol ; en été, le Soleil est très haut ; il darde sur nous des rayons qui frappent le sol presque perpendiculairement, et qui l'échauffent dans ses profondeurs.

Ajoutons que, lorsque nous avons notre hiver, les habitants de l'hémisphère antarctique ont leur été ; lorsque nous avons l'été, ils ont l'hiver.

Tout l'hémisphère arctique est donc privilégié : son hiver est adouci, parce que la Terre est alors 1 million de lieues plus près du Soleil ; et son été est tempéré par un plus grand éloignement du Soleil.

Si nous jetons un coup d'œil sur un globe terrestre ou sur une mappemonde, nous remarquerons que la plus grande partie des terres se trouve dans l'hémisphère nord ou aretique, et nous verrons, dans cette circonstance, un nouveau motif de bénir la Providence, qui tempère ainsi la rigueur de nos hivers et les ardeurs de nos étés.

Ce que nous venons de dire de la position du Soleil dans l'ellipse que décrit la Terre, est vrai également pour toutes les planètes : chacune d'elles a son *périhélie* (près du Soleil) et son *aphélie* (loin du Soleil).

De même, la Lune décrit, autour de la Terre, une ellipse dont un foyer est occupé par la Terre, l'autre foyer restant vide. C'est pourquoi on parle, pour chaque tour ou révolution de la Lune, d'un *périgée* (point le plus près de la Terre) et d'un *apogée* (point le plus éloigné de la Terre).

La même chose a lieu pour les satellites de Mars, de Jupiter, de Saturne, d'Uranus et de Neptune, à l'égard de ces planètes.

Pour les comètes également, la route ou trajectoire suivie est une ellipse, ordinairement très allongée, et le Soleil occupe l'un des foyers, l'autre foyer restant non occupé.

Il y a donc encore, pour chaque comète, un *périhélie* (point le plus rapproché du Soleil) et un *aphélie* (point le plus éloigné du Soleil).

La forme allongée des ellipses cométaires explique pourquoi ces astres cessent d'être visibles pour nous lorsqu'ils voyagent dans les régions lointaines, du côté de leur aphélie, et ne sont visibles que dans le voisinage de leur périhélie.

Il y a de ces astres qui vont tellement loin

que, ne pouvant mesurer ni calculer le grand axe de leur ellipse, on a dû le considérer comme infini, auquel cas la courbe décrite prend le nom de *parabole*.

Il est possible que plusieurs de ces comètes aillent d'un soleil à un autre soleil, et que, dans ces ellipses immenses, l'un des foyers étant occupé par notre Soleil, l'autre foyer soit occupé par une étoile, soleil comme le nôtre. Cette conception hardie n'a rien d'improbable. Il y a tant de grandeur et de splendeur dans l'œuvre de la création !

XIV

Marche des planètes et des comètes.

Chaque planète, lancée primitivement dans les espaces par la main toute-puissante du Créateur, suit avec une régularité admirable la route que lui a tracée le maître des Mondes.

Si, dans sa course, la planète subit une perturbation, si elle est détournée ou déviée tant soit peu de l'ellipse qu'elle est en train de suivre, c'est encore en conformité d'une loi posée par le Créateur ; c'est l'ellipse même de la planète qui subit un léger déplacement. Et la Science est parvenue à évaluer ces perturbations, à les prédire même !

Mais revenons à notre question.

Considérons une planète cheminant sur sa trajectoire, par exemple la Terre parcourant l'*écliptique* (nom que l'on donne à l'ellipse que décrit la Terre).

Le Globe suit-il sa ligne en conservant toujours la même vitesse, le même élan ?

Non : de même qu'il y a une variation continue dans la distance, parce que le Soleil occupe l'un des foyers, de même aussi il y a une variation continue dans la vitesse, et il existe une relation remarquable entre ces deux grandeurs variables : quand la distance augmente, la vitesse diminue, quand la distance diminue, la vitesse augmente.

Lorsque la Terre est à l'aphélie (3 juillet), elle marche à raison de 6 lieues canadiennes par seconde ; au périhélie (1er janvier), elle fait par seconde 6 lieues et 1/5.

En comparant les deux distances

31200000 lieues
et 30200000 lieues

on voit que la petite distance est à peu près les 30/31 de la grande ; en comparant les deux vitesses par seconde, savoir 6 lieues et 6 1/5, on trouve aussi que la petite vitesse est les 30/31 de la grande.

Ainsi la distance et la vitesse varient inversement l'une avec l'autre : si la distance devenait 2 fois, 3 fois, 4 fois aussi grande, la vitesse deviendrait en même temps 2 fois, 3 fois, 4 fois moindre.

Ces deux valeurs se comportent donc comme deux termes d'une *multiplication*, dont l'un serait doublé, triplé, quadruplé, et dont l'autre serait en même temps réduit à la moitié, au tiers, au quart. Le *produit* est alors *constant*, c'est-à-dire toujours le même.

Dans le cas de la Terre, et avec les unités que nous avons prises (la *lieue* canadienne pour les distances, la *seconde* pour les durées), ce produit constant égale

187200000

en nous arrêtant aux quatre premiers chiffres, comme il convient dans ces sortes de questions, aussi bien que dans beaucoup d'autres.

On peut donc, avec ce nombre, trouver quelle est la distance correspondante à une vitesse donnée et réciproquement.

Ce que nous venons de dire s'applique avec une approximation suffisante à la Terre, à Vénus et à Neptune, dont les *orbites* ou trajectoires sont presque circulaires.

Pour les autres planètes, et surtout pour les *comètes*, il faut appliquer ce qu'on nomme le *principe des aires*, qui est d'une rigueur absolue, et dont la découverte est encore due à Képler, justement surnommé le *législateur de l'Astronomie.*

XV

Principe des aires.

C'est une idée extrêmement féconde que celle qui fait considérer une *ligne* comme étant la trace du mouvement d'un. point, une *surface* comme étant la trace du mouvement d'une ligne, et un *volume* comme étant la trace du mouvement d'une surface.

Par la pensée, supposez la Terre réduite à un simple point matériel, et le Soleil lui-même réduit aussi à un point.

Supposez ces deux points unis par un cordon élastique, qui représente ici ce qu'on nomme le *rayon vecteur* de la Terre, et suivez la Terre dans son mouvement de translation.

Si nous partons du périhélie (1er janvier), la Terre va parcourir, en une seconde, 6 lieues canadiennes. Pendant ce mouvement, le cordon élastique, ou le rayon vecteur de la Terre, aura parcouru ou décrit un petit *secteur circulaire*, que l'on peut considérer comme un triangle ayant 6 lieues de base et 30200000 lieues de hauteur ; l'*aire* de ce triangle ou de ce secteur, c'est-à-dire le nombre qui exprime combien il contient de lieues carrées s'obtient en multipliant l'un de ces deux nombres par la moitié de l'autre, ce qui donne 93 millions 600 mille lieues carrées.

Eh bien ! à mesure que la distance de la Terre au Soleil augmentera, le chemin que fera la Terre en une seconde diminuera, de telle sorte que l'aire parcourue ou décrite par le rayon vecteur soit toujours de 93-600000 lieues carrées.

Ainsi, en des temps égaux, les aires décrites par le rayon vecteur sont égales ; en un temps double, triple, quadruple, l'aire décrite par le rayon vecteur est double, triple, quadruple.

Ce que l'on exprime en disant que *l'aire décrite par le rayon vecteur est proportionnelle au temps.*

Tel est le *principe des aires*, l'une des trois lois que Képler eut la gloire de formuler en 1618, après 22 ans de recherches opiniâtres.

C'est à l'aide de ce principe, dont l'exactitude a été démontrée par Newton, que l'on trouve les vitesses si variées des comètes dans leurs courses rapides.

XVI.

Comète de 1843.

La plus curieuse comète, sous le rapport des variations de vitesse, est la fameuse comète de 1843, qui est passée fort près du Soleil le 27 février, à 10 heures et demie du matin, temps de Paris. De la surface de la comète à la surface du Soleil, il y avait au plus 10800 lieues canadiennes ; l'astre chevelu a donc traversé, dit M. Flammarion, l'atmosphère hydrogenée dont les couronnes des éclipses totales ont révélé l'existence. Comment, ajoute-t-il, l'imprudent papillon céleste ne s'est-il pas brûlé, consumé, dans des flammes dont l'inconcevable ardeur s'élève à plusieurs centaines de milliers de degrés, en même temps que la formidable puissance de l'attraction solaire, aurait dû saisir, déchirer, anéantir la pauvre aventurière céleste.

" Il y avait, en cette région, une température au moins 30 mille fois supérieure à celle que nous recevons de l'astre enflammé. Eh bien ! l'étrange visiteuse en est sortie saine et sauve, sans être aucunement dérangée dans son majestueux essor :

Le vrai peut quelquefois n'être pas vraisemblable.

" Emportée par son élan rapide, la comète n'a mis que 2 heures pour contourner tout l'hémisphère solaire tourné vers son périhélie. Elle volait alors avec une vitesse de plus de 550 kilomètres (114 lieues canadiennes) par seconde. C'est la plus grande vitesse de projectile que nous ayons mesurée dans tout l'univers.

" Derrière elle, relativement au Soleil, s'étendait une queue de 66 millions de lieues de longueur, dépassant ainsi le double de la distance de la Terre au Soleil.

" Quant à la vitesse de l'extrémité de la

queue entraînée, elle surpasse tout ce qu'on peut imaginer, et elle me paraît conduire à la conclusion que ces longues queues cométaires ne sont pas substantielles, mais représentent seulement un état de l'éther, mis dans un mouvement ondulatoire particulier, sous l'influence de la comète.

" Cette merveilleuse et ardente fille de l'espace s'est montrée pour la première fois *en plein jour*, le 28 février, à côté du Soleil, à Parme, à Bologne, à Mexico, à Portland, à 1 degré $\frac{1}{3}$ à l'est du centre du Soleil, avec une queue de 4 à 5 degrés de longueur, qui se perdait dans la lumière atmosphérique. Le lendemain, 1er mars, au coucher du Soleil, on a vu de Copiaco (Chili) l'éclatante comète, accompagnée d'une queue de 30 degrés. Le 4 mars, sous l'Equateur, un capitaine de navire mesura la queue et la trouva de 69 degrés.

" A Paris, on ne l'a vue pour la première fois que le 17 mars; et l'on n'a mesuré la queue que le 18 : elle avait 43 degrés de longueur, et seulement 1 degré 1/5 de largeur, ce qui correspond à 5 millions de lieues (canadiennes) sur 1 million 100 mille ! "

Comment cette splendide comète avait-elle fait son entrée dans notre monde solaire sans avoir été aperçue ? Car enfin, elle devait être aussi brillante lorsqu'elle parcourait la première branche de sa trajectoire, que lorsqu'elle s'est montré dans la seconde. Il y a là bien des sujets de réflexion et d'étude.

XVII

Idée de l'Univers.

Ainsi que nous l'avons déjà dit, chaque étoile qui brille au firmament est un soleil comme le nôtre, donnant lumière et chaleur à un monde planétaire que nous ne pouvons pas voir, mais que nous avons de fortes raisons de soupçonner.

Si les étoiles nous paraissent si petites, c'est à cause de leur immense éloignement ; et notre Soleil, qu'on peut ranger parmiles étoiles de 4e ordre, ne nous paraît si grand par rapport aux étoiles que par suite de son grand rapprochement relatif. En effet, la distance du Soleil à la Terre est de 30 millions de lieues canadiennes ; c'est à une distance 200000 fois plus grande que se trouvent les plus voisines étoiles......

" Pour donner plus de precision à cet exposé, proposons-nous de distribuer le Soleil et les 300 planètes dans l'étendue de la ville de Québec, en conservant les relations de distance et de grosseur. Toutes les dimensions seront la *dix-billionnième* partie des dimensions réelles.

" Devant l'entrée de la Basilique de Québec, placez une boule de 6 pouces de diamètre, soit un coco ou une boule à jouer : voilà à quoi il faut réduire notre *Soleil*, pour que toutes les planètes puissent opérer leurs révolutions dans l'étendue de la ville de Québec.

" A 5 verges de distance de ce soleil, vous mettrez, pour représenter la planète *Mercure*, une fine tête d'épingle, qui fera le tour du Soleil en 3 mois.

" A 11 verges du Soleil, une grosse tête d'épingle représentera *Vénus*, l'étoile du Berger, et fera son tour en 7 mois.

" A 16 verges, une grosse tête d'épingle suffira pour représenter l'immense globe que nous habitons, et cette *Terre* fera sa révolution en un an ; la *Lune*, si l'on veut la représenter, sera un grain de cendre placé à un pouce de la Terre, et tournera autour de cette terre en 29 jours ½.

“ Une fine téte d'épingle, placée à une distance de 29 verges, représentera la planète *Mars*, et opérera sa révolution en 1 an et 11 mois

“ A une distance variable entre 36 et 56 verges, on représentera les *planètes télescopiques* par quelques centaines de grains de cendre, qui devront mettre de 3 à 6 ans pour faire le tour du Soleil.

“ A la distance de 85 verges, voici *Jupiter* la plus grosse des planètes : ce sera une belle cerise de France, qui mettra 12 ans à faire le tour du Soleil.

“ A 160 verges, une autre cerise de France figurera *Saturne*, et devra mettre 30 ans à faire son tour.

“ Un noyau de cerise sera placé à 310 verges pour représenter *Uranus*, et un autre à 500 verges pour représenter *Neptune ;* le premier fera son tour en 84 ans, et le dernier en 165 ans.

“ Les *satellites* de Mars, Jupiter, Saturne, Uranus et Neptune, seront des grains de poussière, tournant autour de ces planètes, comme la Lune autour de la Terre. ”

Les *comètes* elles-mêmes seront des grains

de cendre ou des duvets légers répandus par centaines dans les limites de la ville et au dehors.

“ Il est facile de voir que ces centaines de corps, *cerises*, *noyaux*, *têtes d'épingles*, *grains de cendre*, circulant autour d'un *coco*, ne causeront aucune perturbation dans le mouvement des voitures et des personnes en la ville de Québec......

“ Voilà pourtant, toutes proportions gardées, ce que doit être le système, pour que le tout tienne dans l'étendue de la ville.....

“ Quant aux *étoiles*, les plus voisines devront être placées bien loin, à 600 lieues de Québec, et par conséquent dans les provinces de l'Ouest, aux Etats-Unis, dans l'océan Atlantique et dans la mer Polaire.

“ Vu de si loin, le *coco* que nous avons placé à la Basilique de Québec pour figurer le Soleil ne pourra faire grande figure ; et en effet, il serait à peu près comme les étoiles moyennes, celles qu'on nomme de 4e ordre...

“ Un *train* de chemin de fer, qui ferait en un mois le tour du Globe terrestre, mettrait 9 mois de marche continue pour aller à la Lune, 300 ans pour aller au Soleil, et 60 millions d'années pour aller aux premières étoiles !...

" Le *son*, qui ferait le tour du Globe en 33 heures, mettrait 13 jours et demi pour aller à la Lune, 15 ans pour aller au Soleil, 3 millions d'années pour aller aux étoiles !...

" La *lumière*, qui parcourt par seconde 62000 lieues canadiennes, met 8 minutes ½ pour nous venir du Soleil, 4 heures pour aller à Neptune, et 3 ans pour nous venir des étoiles les plus voisines... Et il y a des étoiles 1000 fois plus éloignées !...

" Arrêtons-nous devant cette incompréhensible immensité de l'Univers, et répétons avec le Roi-Prophète : " Les Cieux " racontent la gloire de Dieu, et le Firma- " ment annonce les œuvres de ses " mains ! " (1)

---

(1) *Causerie cosmographique*, publiée dans le *Courrier du Canada*, en avril 1880, par l'auteur de cet opuscule

XVIII

Gravitation universelle.—Comète de Halley.

Comment peut se maintenir l'équilibre général de tous ces mondes, soleils, planètes, satellites, comètes ?

A vrai dire, nous ignorons la cause, qui reste le secret de Dieu ; mais, quelle que soit cette cause, les phénomènes s'accomplissent comme s'il y avait entre tous les corps une *attraction* proportionnelle aux masses attirantes, et diminuant dans un rapport égal au carré du rapport des distances.

Cette magnifique loi, formulée par le grand Newton, a rendu compte des lois astronomiques de Képler, des perturbations qui surviennent dans les mouvements des planètes, et de celles qui affectent les mouvements des comètes.

C'est avec ce même principe que Newton a trouvé les lois mêmes du mouvement des comètes.

“ Ayant constaté que, d'après les lois de l'attraction universelle, la marche de la comète de 1680 devait être une courbe très allongée, il essaya, aidé de Halley, son collaborateur et de son ami, de représenter mathématiquement la marche de l'astre nouveau, et il y réussit complètement.

" Halley s'empara activement de cette branche de l'Astronomie, et reconnut plus tard que la comète de 1682 était tellement semblable, dans sa marche autour du Soleil, à deux comètes précédemment observées en 1531 et en 1607, que c'était sans doute la même comète, qui dès lors devait reparaitre vers 1758.

" Halley (mort en 1742, à l'âge de 86 ans) avait calculé à grand'peine que l'action des planètes retarderait le prochain retour de la comète, et il l'avait prédit pour la fin de 1758 ou le commencement de 1759.

" Il fallait, avec les formules mathématiques perfectionnées, calculer exactement l'époque de ce retour.

" Clairaut entreprit et accomplit en maître la partie algébrique du problème, mais il restait la tâche immense de calculer numériquement les formules.

" Deux calculateurs eurent ce courage : l'astronome Lalande et madame Hortense Lepaute (qui, par parenthèse, a donné son nom à la plante *Hortensia*, apportée des Indes par l'astronome Legentil).

“ Pendant six mois, prenant à peine le temps de manger, les deux calculateurs mirent en nombres les formules algébriques de Clairaut. Celui-ci termina le calcul ; il trouva que Saturne produirait un retard de 100 jours, et Jupiter un retard de 518, en tout 618 jours en plus sur la révolution précédente ; enfin il annonça le passage au périhélie pour le milieu d'avril 1759, à un mois près.

“ Jamais prédiction scientifique n'excita une curiosité plus vive d'un bout à l'autre de l'Europe.

“ La comète reparut ; elle traversa, parmi les constellations le chemin annoncé, et passa à son périhélie le 12 mars 1759, juste un mois avant le jour indiqué !

“ Nous l'avons tous observée, écrivait
“ Lalande, en sorte qu'il est hors de doute
“ que les comètes ne soient véritablement des
“ planètes, qui tournent comme les autres
“ autour du Soleil......

“ Cet événement, unique jusqu'à ce jour,
“ change nos doutes en certitude, et nos
“ hypothèses en démonstrations......

" M. Clairaut demandait un mois de grâce
" en faveur de la théorie ; le mois s'y est
" trouvé exactement, et la comète est des-
" cendue, 32 jours avant le terme qui lui était
" fixé ; mais qu'est-ce que 32 jours sur un
" intervalle de plus de 150 ans, dont on
" avait à peine observé grossièrement la
" 200e partie, et dont tout le reste s'étend
" hors de la portée de notre vue ? "

" L'orbite de cette comète est aujourd'hui complètement déterminée. Elle a accompli une révolution de 1759 à 1835 ; son dernier passage au périhélie a eu lieu le 16 novembre de cette année-là, ce qui donne 28006 jours pour cette révolution, au lieu de 27937 qui s'étaient écoulés entre 1682 et 1759 : il y a eu une augmentation de 135 jours due à l'action de Jupiter, et une diminution de 66 jours due aux actions de Saturne, d'Uranus et de la Terre.

" Le prochain retour doit arriver le 24 mai 1910, au bout de 27217 jours, d'après les calculs de Pontécoulant.

" De 1835 à 1873, la comète s'est éloignée du Soleil ; cette année-là (1873), elle a atteint les ténèbres glacées de son aphélie (plus loin que Neptune) ; depuis cette époque, elle a commencé son voyage de retour vers les régions brillantes de la Terre et du Seleil." (1)

Déjà cette célèbre comète est rentrée dans les orbites planétaires, où se meuvent certainement des milliers et même des millions d'astres analogues, qui accomplissent silencieusement leurs singuliers voyages.

Calmons donc nos inquiétudes : quoique nous voyions rarement de grandes comètes, nous vivons au milieu d'une nuée de comètes, et certainement ces astres ont un rôle providentiel, tendant aux fins voulues par Dieu, et que la Science parviendra peut-être à entrevoir un jour.

XIX.

Comète de Biéla.—Étoiles filantes.

" Le 27 février 1827, lisons-nous dans l'Astronomie de Delaunay, Biéla aperçut, à Johannisberg, une nouvelle comète, que

---

(1) C. Flammarion, *Astronomie populaire*, ouvrage curieux, où l'on trouve à regret la croyance au matérialisme, et à l'origine simienne de l'homme. (L'homme serait le descendant du singe !) Il y a de tout dans ce livre, mais Dieu est absent de cet univers !

Gambart observa de son côté, dix jours plus tard, à Marseille. Ce dernier astronome après avoir déterminé les éléments paraboliques de la comète, reconnut qu'ils étaient à très peu près les mêmes que ceux de deux comètes observées, l'une en 1805, l'autre en 1772 ; il en conclut qu'il y avait identité entre les trois astres, et que la comète nouvellement découverte était périodique.

" Bientôt Clausen et Gambart trouvèrent presque en même temps que cette comète parcourt son orbite elliptique dans l'espace d'environ 6 ans $\frac{3}{4}$. Dès lors son retour put être prédit.

" La comète revint en effet à l'époque indiquée, et depuis on l'a observée à plusieurs reprises différentes, lors de ses divers passages dans le voisinage du Soleil.

" En 1846, elle présenta, pendant la durée de son apparition, un phénomène extraordinaire : elle se dédoubla en deux comètes distinctes, qui marchèrent côte à côte, en s'éloignant peu l'une de l'autre.

" En 1852, on revit la comète double. Les deux parties avaient continué de marcher ensemble, tout en s'éloignant l'une de l'autre, mais avec une extrême lenteur.

“ En 1859, la position défavorable de l’orbite de la comète empêcha qu’on en fit l’observation. La comète devait reparaître en 1866, et passer au périhélie le 26 janvier ; les circonstances étaient très favorables à son observation ; et cependant, malgré tout le soin que l’on a mis à la rechercher avec des instruments puissants, on n’est pas parvenu à la découvrir dans le ciel. ”

Les tentatives faites de nouveau en 1872 ont été infructueuses au point de vue de la comète de Biéla elle-même, mais une nouvelle découverte fort importante se préparait : c’est l’identité des orbites cométaires avec les orbites des essaims d’*étoiles filantes*, corpuscules de matière cosmique circulant dans l’espace comme les comètes, et s’enflammant au frottement de notre atmosphère lorsque nous traversons leur région.

“ MM. Weiss et d’Arrest, comme plusieurs autres astronomes, avaient pu constater que les essaims si riches d’étoiles filantes, observés depuis des siècles vers la fin de novembre et le commencement de décembre, appartenaient à la comète de Biéla ; et ils avaient comme conséquence nécessaire de cette relation prédit une chute d’étoiles filantes pour le 27 novembre 1872.

“ Une pluie de météores d’une abondance exceptionnelle eut lieu en effet à l’époque prévue, et présenta, dans les conditions données, un spectacle des plus imposants, et d’un intérêt tout particulier pour la Science.

“ En fouillant dans les chroniques des siècles passés, M. Klinkerfues a été assez heureux pour trouver des indications sur l’apparition simultanée d’un nombre notable de comètes et de chutes de météores, paraissant avoir une origine commune.

“ Il démontre même, avec assez de probabilité, que la segmentation antérieure d’une comète principale a donné naissance à une famille très curieuse de comètes et d’essaims de météores, à laquelle appartiendraient la comète de Biéla, celles de 1818 et de 1162, et les étoiles filantes apparaissant périodiquement les 27 novembre et les 6 décembre.” (1)

---

(1) Annuaire du Bureau des Longitudes pour 1882, page 179.

XX.

Éléments des comètes.

La reconnaissance des éléments des comètes, c'est-à-dire des *corps simples* dont elles sont formées, présente, comme bien on pense, de grandes difficultés. Pourtant, il y a lieu d'espérer dans les nouveaux moyens d'investigation que fournit l'*analyse spectrale*. Donnons une idée du procédé.

Dans une chambre complètement obscure et close, ménagez une petite ouverture par laquelle puisse passer, soit un rayon de soleil, soit un rayon d'un foyer lumineux quelconque. Recevez ce rayon sur un prisme de cristal ; vous voyez la lumière blanche du rayon se diviser en un faisceau, et présenter les couleurs de l'arc-en-ciel : voilà le *spectre* lumineux.

Si le foyer lumineux est artificiel, essayez de placer successivement dans ce foyer, du zinc, du cuivre, du fer, etc. A chaque corps que vous placerez ainsi dans le foyer, correspondront des raies caractéristiques que vous verrez s'introduire dans le spectre.

On a donc pu noter les raies caractéristiques du fer, du cuivre, du zinc, du sodium, etc., c'est-à-dire des divers corps simples, lesquels sont au nombre de 65.

Dès lors, si l'on introduit dans le foyer un corps dont on ignore la nature, et si le spectre présente alors les raies caractéristiques du fer, on affirme qu'il y a du fer dans le corps que l'on étudie.

Et si la lumière que l'on reçoit est celle d'un astre, les raies du spectre font reconnaître les corps élémentaires qui sont en combustion dans cet astre.

C'est ainsi qu'on a pu reconnaître dans le Soleil, ou plutôt dans la photosphère solaire, du fer, du zinc, du nickel, du chrome, du magnésium, du calcium, du sodium, de l'hydrogène, de l'oxygène, le tout à l'état de vapeur. On a pu reconnaître aussi que les étoiles sont réellement analogues à notre Soleil.

Un corps tel que la Lune, qui n'a pas de lumière propre et qui n'est pas à l'état d'incandescence, ne peut fournir d'autres raies que celles de la lumière qu'il reçoit, soit, dans ce cas, la lumière du Soleil.

Les comètes recevant la lumière du Soleil leur spectre, fort difficile d'ailleurs à saisir rappelle celui du Soleil ; mais ce spectre fait voir qu'elles ont aussi une lumière propre. Ce sont donc vraiment des astres fort singuliers.

Rappelons encore que, selon toute probabilité, les *aérolithes* ou pierres tombées du ciel ne sont que des fragments cométaires que nous rencontrons ou qui nous rencontrent dans l'espace. Or ces débris cométaires présentent les mêmes substances élémentaires que notre Globe.

XXI.

Notre grande comète.

Revenons à l'astre remarquable à propos duquel nous écrivons ces quelques pages. Il va sans dire que les savants l'observent, le photographient (chose très difficile à cause de la faiblesse de sa lumière), et lui appliquent les procédés de l'analyse spectrale.

Des observations spectroscopiques ont été faites à l'Observatoire Naval de Washington, les 15 et 16 octobre, sur la grande comète de 1882 (comète de Cruls), par le commandant Sampson.

Le spectre obtenu diffère notablement de celui qu'a donné la comète lorsqu'elle était près du Soleil. Alors, la présence du méta. sodium était fortement accusée ; en dernier lieu, on n'en voit aucune trace. (1) Mais il est évident que, dans les premières observations, la lumière solaire était réfléchie en grande quantité, et la chaleur considérable éprouvée alors par la comète devait porter et maintenir à l'état de gaz incandescent, des substances maintenant refroidies et condensées.

La belle apparence argentée de la comète est attribuée à une émission abondante de lumière verte.

On pense que le noyau est formé de plusieurs segments faisant route ensemble. Cette hypothèse paraît s'accorder avec la découverte faite le 8 octobre, à Athens, par le docteur Schmidt, d'une petite comète voisine de la grande, et l'accompagnant dans sa marche générale.

---

(1) Le *sodium* est un métal qui, combiné avec le chlore, forme le *sel* de cuisine.

XXII.

Collision possible.

Les comètes sont si nombreuses que nous nous promenons au milieu d'elles sans nous en apercevoir : on ose dire qu'il y en a des milliards !

Mais la Providence a si bien arrangé toutes choses que l'équilibre général se maintient avec une admirable constance.

D'abord, pour que telle comète déterminée puisse venir en collision avec la Terre, à côté d'une chance de rencontre, il y a des milliards de milliards de chances de non rencontre.

Ensuite, à supposer qu'une comète arrive dans le domaine de notre Terre, sa légèreté relative est généralement telle, qu'elle serait réduite à nager dans les régions supérieures de notre atmosphère, a la façon d'un ballon !......

De sorte que, craindre son choc, redouter cette collision, ce serait craindre pour les poissons le choc d'un bouchon de liège qu'on laisserait tomber dans l'eau...ce serait craindre pour la sûreté des voyageurs, le choc d'une mouche qui viendrait étourdiment frapper la voiture!......

N'est-il pas vrai que nous pouvons dormir tranquilles, tant que nous n'aurons pas d'autres appréhensions ?

Ce n'est donc pas la comète qui nous tuera : la fin du monde arrivera successivement pour chacun de nous ; il faut bien que nous payions notre tribut ! Puissions-nous voir venir la mort avec une conscience tranquille !

XXIII.

Mais enfin, que nous veut-elle et qu'annonce-t-elle ?

Oh ! elle est bien gentille, notre comète ! ce qu'elle veut de nous, c'est que nous fassions pour elle comme nous faisons à l'égard des gens bien mis qui passent : elle veut que nous la regardions, que nous la contemplions, et que nous profitions de ce que nous pouvons apprendre d'elle sur l'organisation de l'Univers.

Et puis, elle veut que nous la laissions

passer, en l'inscrivant sur nos registres, comme on tient note des hôtes distingués qu'on a l'honneur de recevoir.

Ce qu'elle annonce, c'est que c'était son tour de venir; c'est qu'elle a obéi aux ordres du Très-Haut, et que, une fois de plus, nous devons bénir et glorifier l'Etre souverain et infiniment bon, qui a fait toutes choses et qui gouverne tout, *avec nombre, poids et mesure!* (1)

---

(1) Livre de la *Sagesse*, XI, 21.

TABLE

QUEBEC.—Imprimerie L. J. Demers et Frère.

www.ingramcontent.com/pod-product-compliance
Lightning Source LLC
La Vergne TN
LVHW092053051026
849517LV00013B/2621
* 9 7 9 1 0 4 3 1 3 2 9 9 5 *